# 유아 자신감 수학

만 **5** 세 **3** 권

# 연산의 기초

# 머리말

### 놀이처럼 수학 학습

<유아 자신감 수학>은 놀이에서 학습으로 넘어가는 징검다리 역할을 충실히 하도록 기획한 교재입니다. 어린 아이들에게 가장 좋은 학습은 재미있는 놀이처럼 느끼게 공부하는 것입니다. 붙임 딱지를 손으로 직접 만져 보며 이리저리 붙이고, 보드 마커로 여러 가지 모양을 그리거나 숫자를 쓰다 보면 아이들이 수학이 재미있다는 것을 알고 자신감을 얻을 것입니다.

### 처음에는 함께, 나중에는 아이 스스로

아이의 첫 번째 수학 선생님은 바로 엄마, 아빠입니다. 그리고 최고의 선생님은 매번 알려주는 것보다는 스스로 할 수 있도록 방향을 제시해 주는 사람입니다. <유아 자신감 수학>은 알려 주기도 하고, 함께 해결하는 것으로 시작하지만, 나중에는 스스로 재미있게 반복할 수 있는 교재입니다.

### 아이의 호기심을 불러 일으키는 함 께 해 요 ♡

함 께 해 요 ♡ 가 표시된 내용은 한 번 풀고 다시 풀 때 조건을 바꾸어 새로운 문제를 내줄 수 있습니다. 풀 때마다 조금씩 바뀌는 문제를 통해서 재미있게 반복할 수 있습니다. 잘 이해하면 다음에는 조금 어렵게, 어려워하면 조금 쉽게 바꾸어서 아이의 흥미를 유발할 수 있습니다.

### 언제든지 다시 붙일 수 있는 <계속 딱지>

아이들이 반복하면서 더 높은 학습 효과를 볼 수 있는 부분을 엄선하여 반영구 붙임 딱지인 <계속 딱지>를 활용하게 하였습니다. 처음에 어려워해도 반복하면서 나아지는 모습을 지켜봐 주세요.

지은이 **천종현**

# 유아 자신감 수학 120% 학습법

QR코드로 학습 의도 알아보기

가이드 영상

주제가 시작하는 쪽에 QR코드가 있습니다. QR코드로 학습 의도, 목표, 여러 가지 활용 TIP을 알아보세요.

## 학습 준비를 도와 주세요.

함 께 해 요 ♡

**함 께 해 요 ♡** 는 난이도를 조절하며 문제를 내주는 내용입니다. 보드 마커나 <계속 딱지>로 문제를 만들어 주세요.

한 번 공부한 후에는 보드 마커는 지우고, <계속 딱지>는 떼어서 제자리로 옮겨서, **함 께 해 요 ♡** 의 문제를 새롭게 바꾸어 주세요.

## 두 가지 붙임 딱지를 특징에 맞게 활용하세요.

한두번딱지

계속딱지

**한두번딱지** 는 개념을 배우는 내용에 사용하는 붙임 딱지로 한두 번 옮겨 붙일 수 있는 소재로 되어 있습니다. 틀렸을 경우 다시 붙이는 것이 가능합니다. 떼는 것만 도와주세요.

**계속딱지** 는 문제를 새로 내주거나 아이가 반복 연습이 필요한 내용에 반영구적으로 사용합니다. 한 번 공부하고 다시 사용할 수 있도록 옮기거나 떼어 주세요.

### 시작은
**엄마와 함께**

보드 마커와 붙임 딱지로
재미있게 배웁니다.

 ➡

### 이후엔
**재미있게 스스로**

보드 마커는 지우고,
계속 딱지는 옮긴 후
아이 스스로 공부합니다.

# 유아 자신감 수학 전체 단계

### 만 3세

| 구분 | 주제 |
| --- | --- |
| 1권 | 5까지의 수 알기 |
| 2권 | 모양의 구분 |
| 3권 | 5까지의 수와 숫자 |
| 4권 | 논리와 측정 ① |

### 만 4세

| 구분 | 주제 |
| --- | --- |
| 1권 | 10까지의 수 알기 |
| 2권 | 평면 모양 |
| 3권 | 10까지의 수와 숫자 |
| 4권 | 논리와 측정 ② |

### 만 5세

| 구분 | 주제 |
| --- | --- |
| 1권 | 20까지의 수와 숫자 |
| 2권 | 입체 모양과 표현 |
| 3권 | 연산의 기초 |
| 4권 | 논리와 측정 ③ |

# 연산의 기초

## 이런 순서로 공부해요.

**1** 다음 수 ..................................... 6

**2** 이전 수 ..................................... 12

**3** 모으기 ..................................... 18

**4** 가르기 ..................................... 24

**5** 덧셈 ..................................... 30

**6** 뺄셈 ..................................... 36

**7** 덧셈과 뺄셈 ..................................... 42

# 기차의 그림자 1

그림자 위에 기차 붙임 딱지를 알맞게 붙이세요. 한두번딱지

가이드 영상

# 다음 수

□ 안에 알맞은 수를 써넣으세요.

| 3 | 4 | |
|---|---|---|

| 7 | 8 | |
|---|---|---|

| 1 | |
|---|---|

| 5 | 6 | |
|---|---|---|

| 8 | 9 | |
|---|---|---|

| 2 | 3 | |
|---|---|---|

| 4 | 5 | |
|---|---|---|

| 6 | 7 | |
|---|---|---|

□ 안에 알맞은 수를 써넣으세요.

7 □

2 □

4 □

5 □

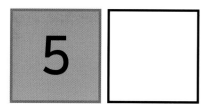

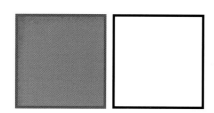

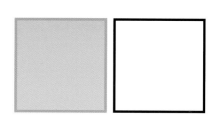

색칠된 □ 안에 1부터 9까지의 수를 하나씩 써넣어 문제를 만들어 주세요.

# 두 번, 세 번 뛴 수

오른쪽으로 갈수록 1씩 커져요. 가장 오른쪽 나무에 알맞은 수를 쓰세요.

**계속딱지**

어려워하면 수 배열 붙임 딱지를 붙여서 문제를 풀게 해 주세요.

가장 왼쪽 나무에 수를 써넣어 문제를 만들어 주세요.

# 기차의 그림자 2

그림자 위에 기차 붙임 딱지를 알맞게 붙이세요. 한두번딱지

가이드 영상

# 이전 수

□ 안에 알맞은 수를 써넣으세요.

| 7 | 6 |  | | 5 | 4 |  |

| 10 |  | 8 | | 8 | 7 |  |

| 4 | 3 |  | | 3 | 2 |  |

| 9 | 8 |  | | 6 | 5 |  |

□ 안에 알맞은 수를 써넣으세요.

| 8 |  |
|---|---|

| 5 |  |
|---|---|

| 2 |  |
|---|---|

| 9 |  |
|---|---|

색칠된 □ 안에 2부터 10까지의 수를 하나씩 써넣어 문제를 만들어 주세요.

# 거꾸로 두 번, 세 번 뛴 수

오른쪽으로 갈수록 1씩 작아져요. 가장 오른쪽 잎에 알맞은 수를 쓰세요.

**계속 딱지**

어려워하면 수 배열 붙임 딱지를 붙여서 문제를 풀게 해 주세요.

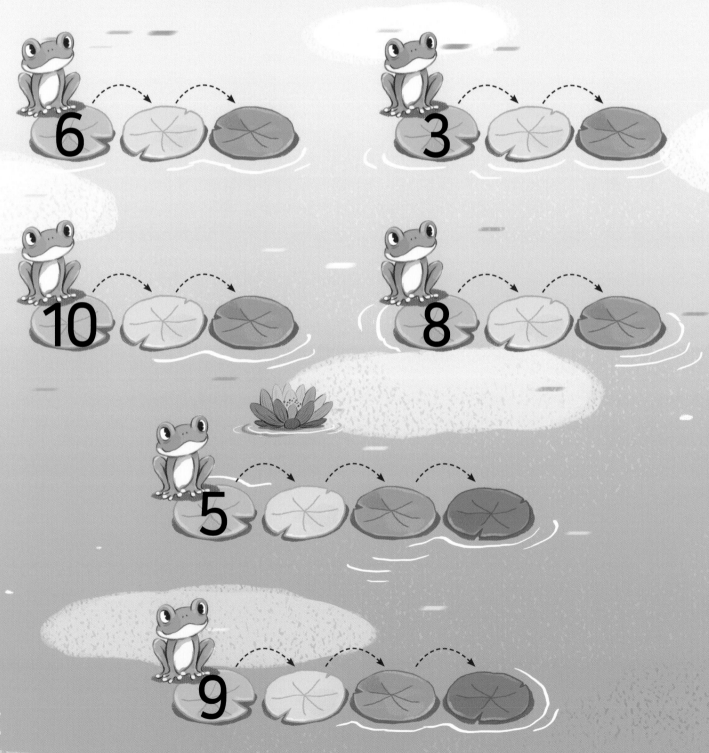

가장 왼쪽 잎에 수를 써넣어 문제를 만들어 주세요.

# 모아서 세기

가이드 영상

동물들을 여러 가지 방법으로 모아서 세어 보아요.

나는 토끼, 소, 오리를 키우고 있어.

같은 동물의 수만큼 ○를 그리고 □ 안에 동물의 수를 써넣으세요.

| | | |
|---|---|---|
| | | |
| | | |
| | | |

색깔별로 센 만큼 ○를 그리고 □ 안에 동물의 수를 써넣으세요.

| | | |
|---|---|---|
| | | |
| | | |
| | | |

# 구슬을 모아요

줄 위에 두 가지 구슬 붙임 딱지를 붙이고 □ 안에 구슬을 모은 수를 써넣으세요.
한두번딱지

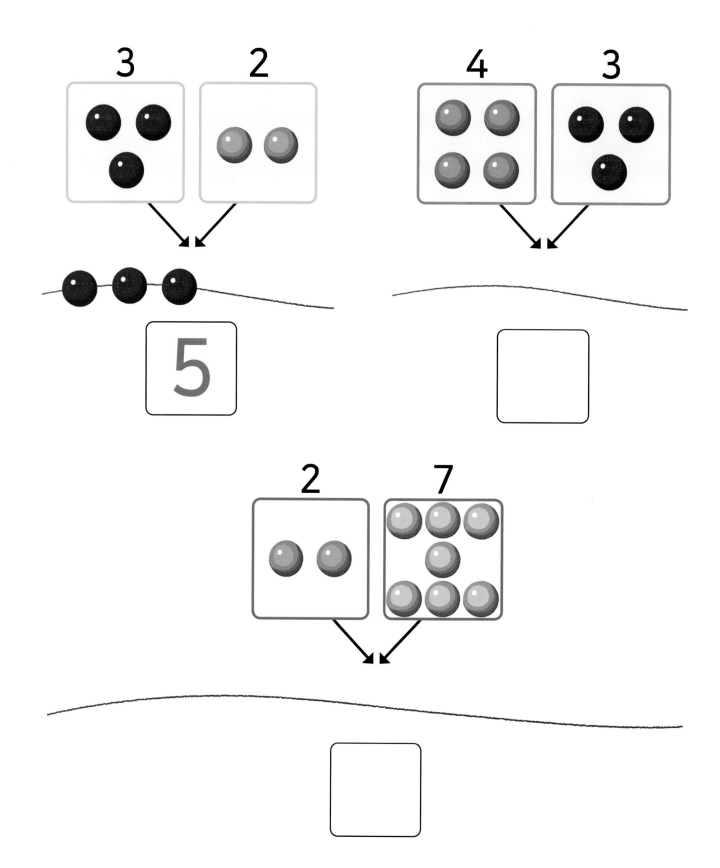

□ 안에 두 가지 구슬을 모은 수를 써넣으세요. 계속딱지

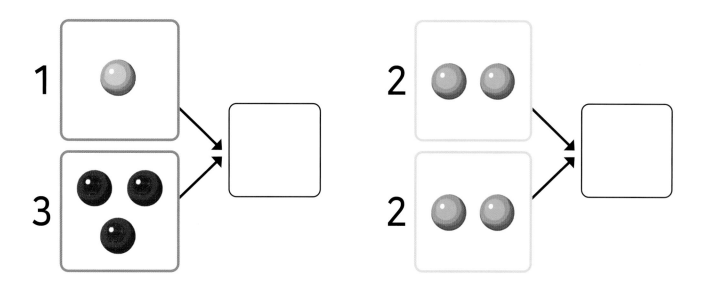

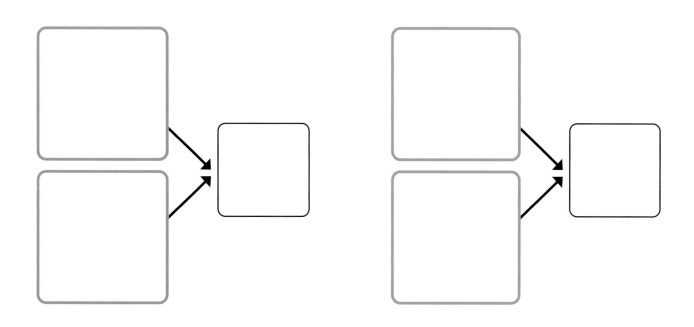

구슬을 모은 수가 10이 넘지 않도록 색칠된 □ 안에 구슬 붙임 딱지를 붙여서 문제를 만들어 주세요.

# 수를 모아요

두 수를 모은 만큼 ○를 그리고 □ 안에 알맞은 수를 써넣으세요.

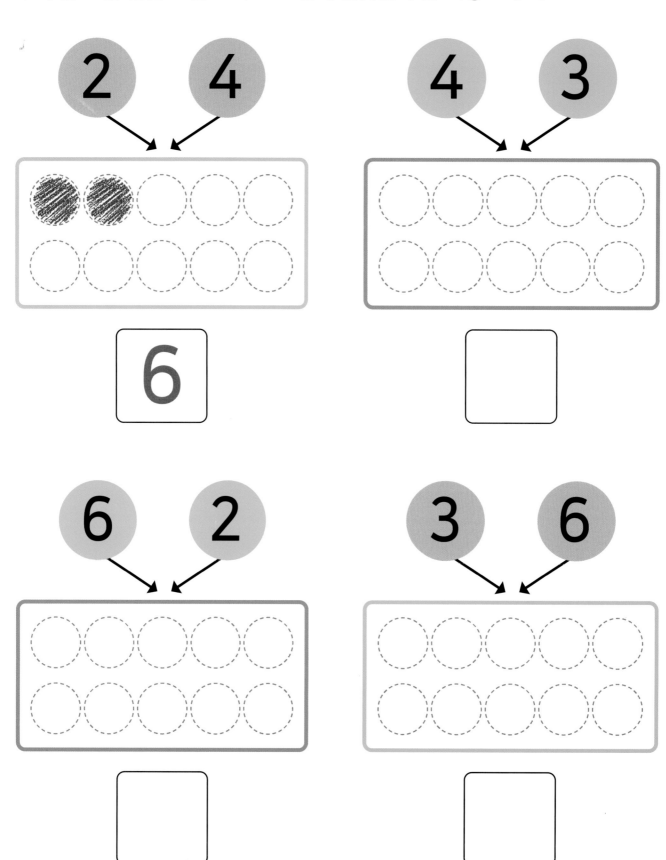

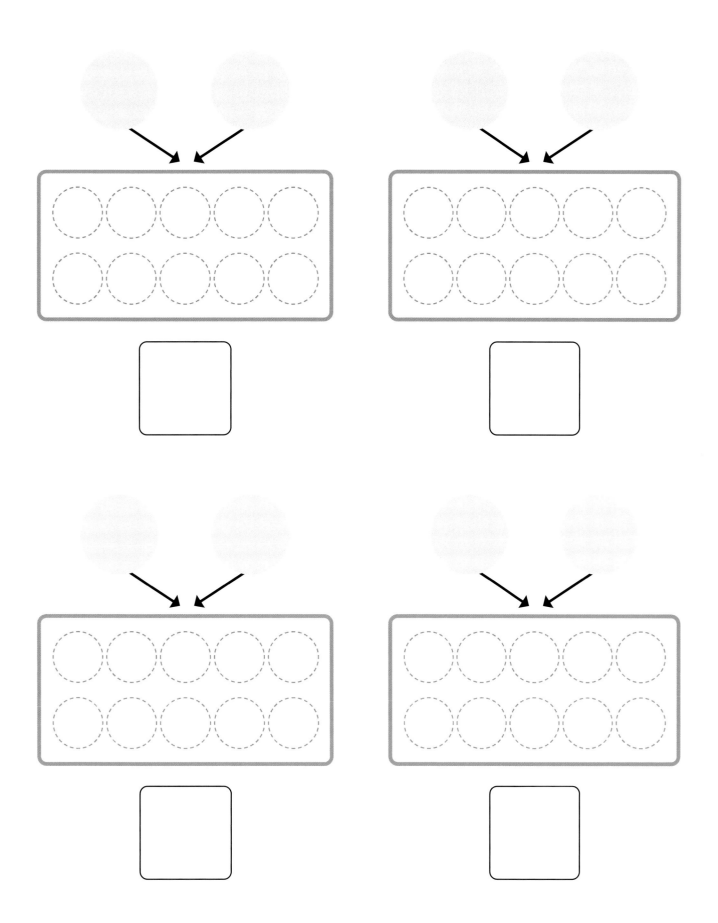

모은 수가 10이 넘지 않도록 색칠된 ○ 안에 수를 하나씩 써넣어 문제를 만들어 주세요.

# 가려진 사탕

가려진 사탕의 수를 □ 안에 써넣으세요.

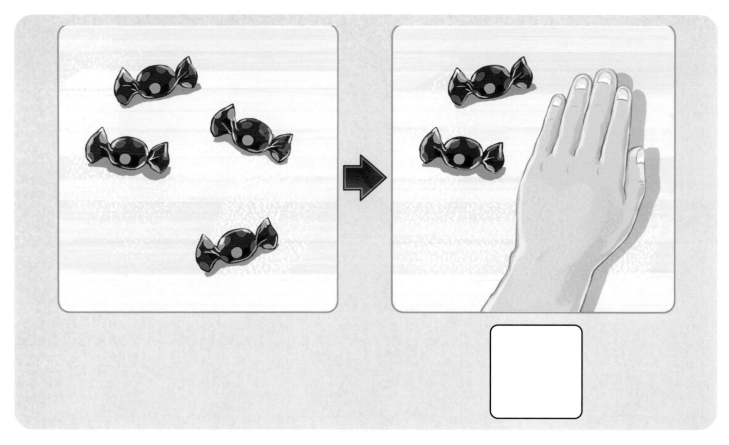

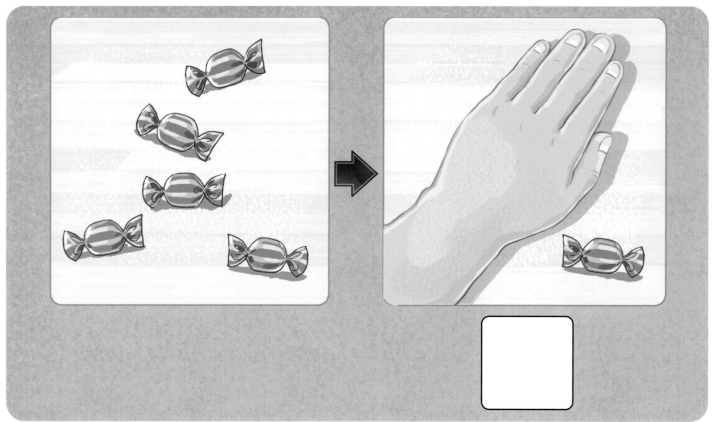

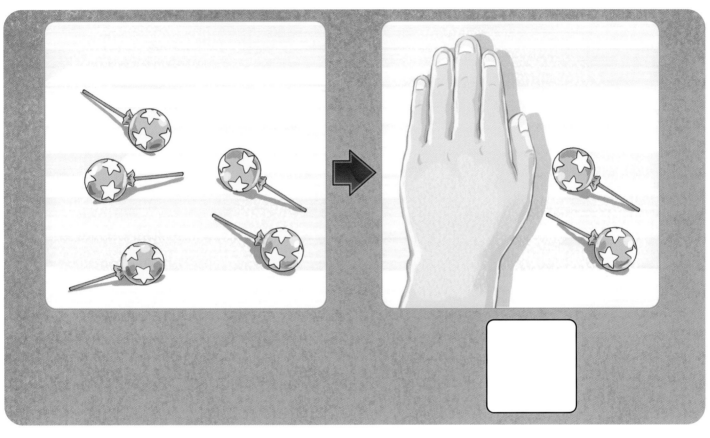

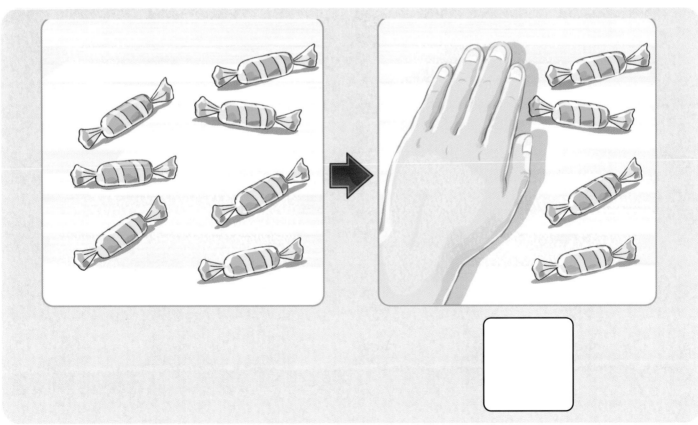

# 보이지 않는 병

구슬을 병 2개에 나누어 담았어요. 파란색 병에 담긴 구슬의 개수를 □ 안에 써넣으세요.

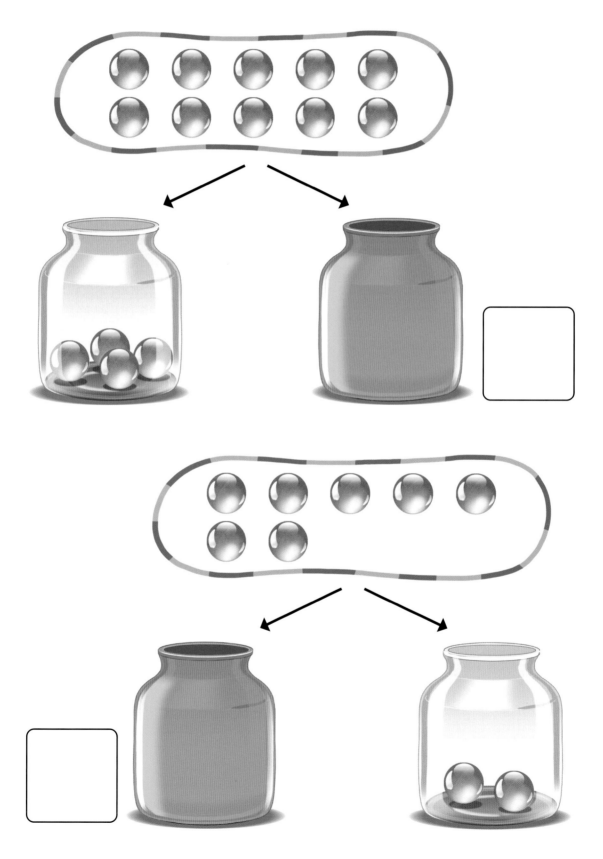

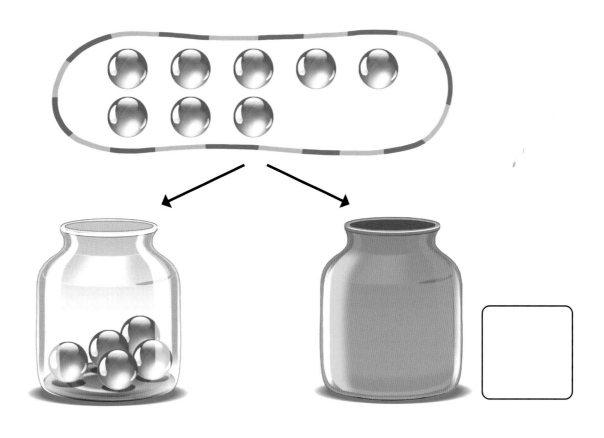

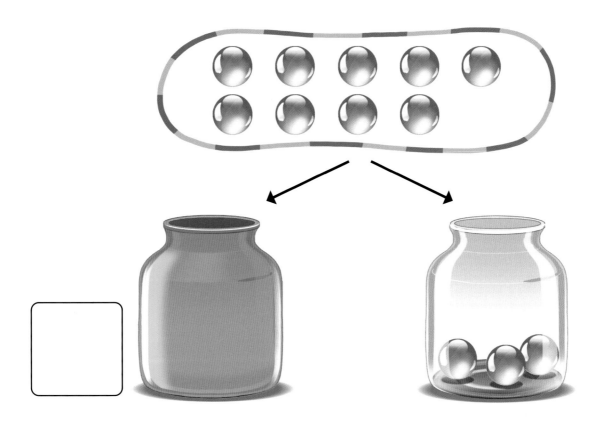

# 수를 갈라요

수를 두 수로 가른 만큼 ○를 그리고 □ 안에 알맞은 수를 써넣으세요.

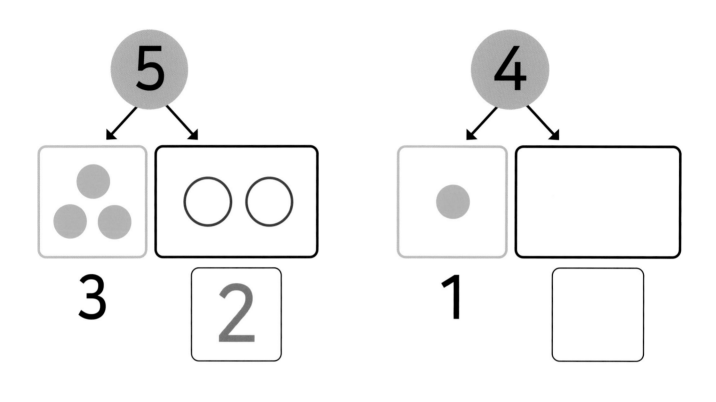

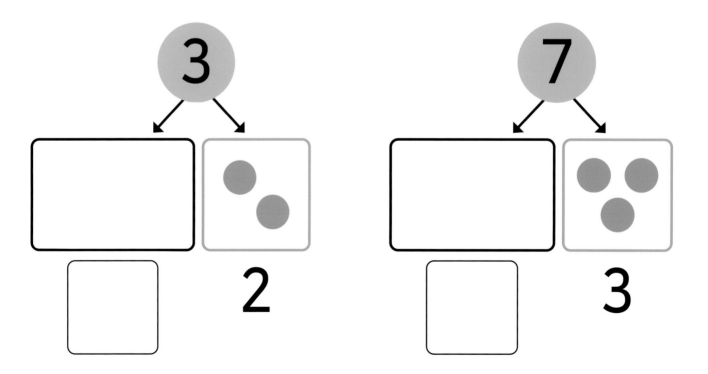

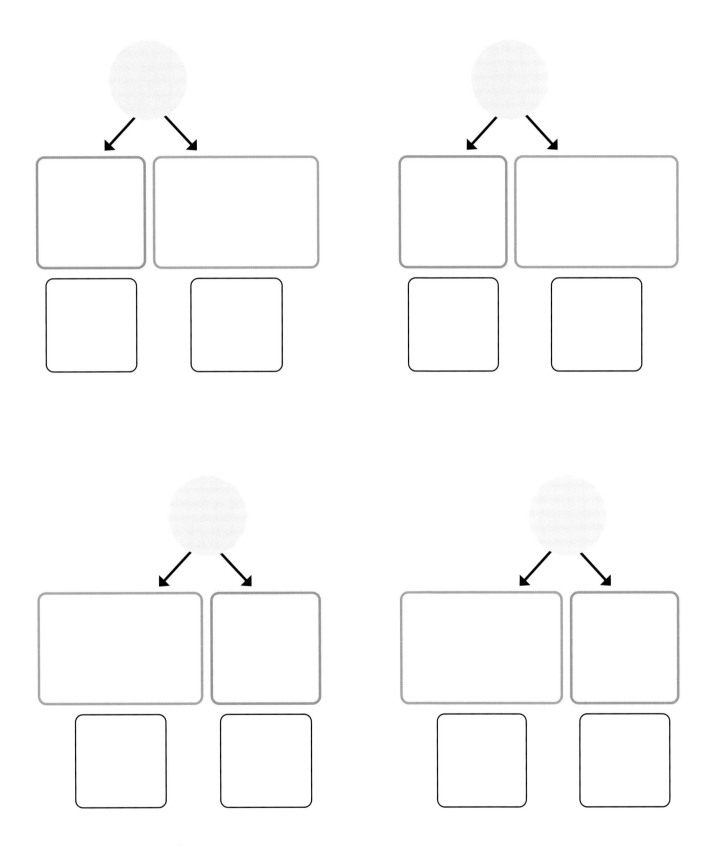

색칠된 ○ 안에 수를 써넣고 노란색 □에 ○를 몇 개 그려서 문제를 만들어 주세요.

## 그림 속의 덧셈

가이드 영상

붙임 딱지를 붙여서 그림을 완성하고 이야기를 만들어 보세요. 그다음
□ 안에 알맞은 수를 써넣으세요. 한두번딱지

$$3 + \boxed{\phantom{0}} = \boxed{\phantom{0}}$$

$$6 + \boxed{\phantom{0}} = \boxed{\phantom{0}}$$

4 + ☐ = ☐

☐ + ☐ = ☐

예를 들어 첫 번째 그림에서 "닭이 3마리 있고 병아리가 5마리 태어나서 모두 8마리가 되었어." 라는 이야기
를 만들 수 있어요.

# 모두 몇 개 1

초콜릿을 한 주머니에 모아 담았어요. □ 안에 알맞은 수를 써넣으세요.

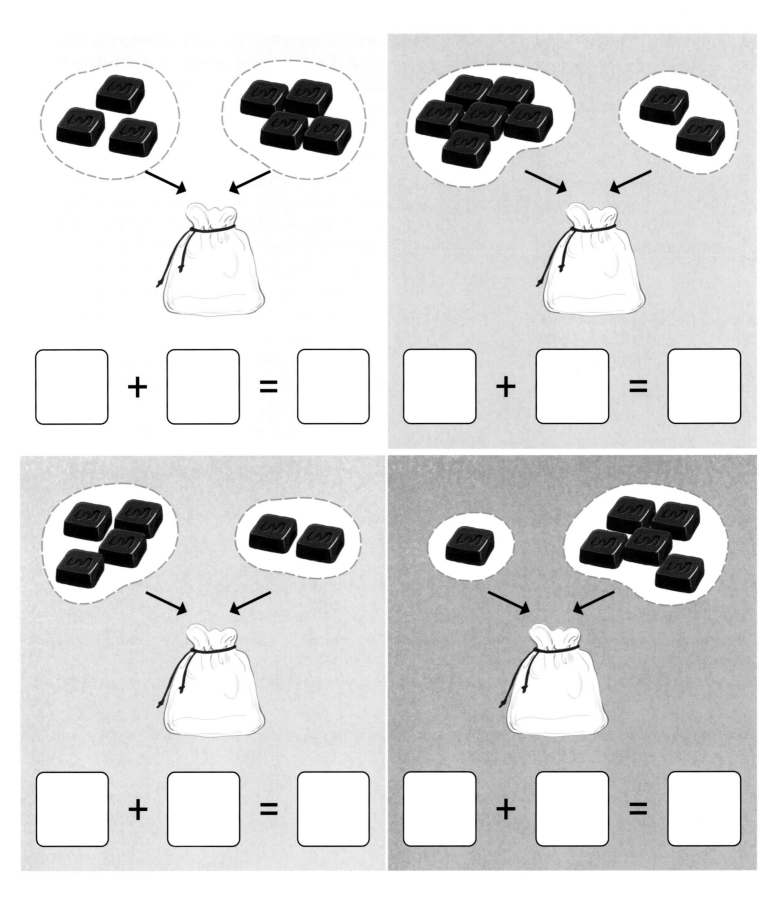

나비가 모두 몇 마리인지 세어 보아요. 계속딱지

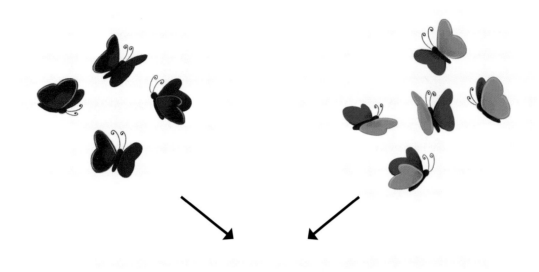

☐ + ☐ = ☐

☐ 안에 빨간색 나비의 수를 써넣으세요.


☐ 안에 파란색 나비의 수를 써넣으세요.


☐ 안에 모든 나비의 수를 써넣으세요.


나비 위에 가림 붙임 딱지를 덧붙이거나 나비 붙임 딱지를 더 붙여서 다른 문제를 만들어 주세요.

# 모두 몇 개 2

간식의 수를 구하는 덧셈을 보고 두 가지 간식을 선으로 이으세요.

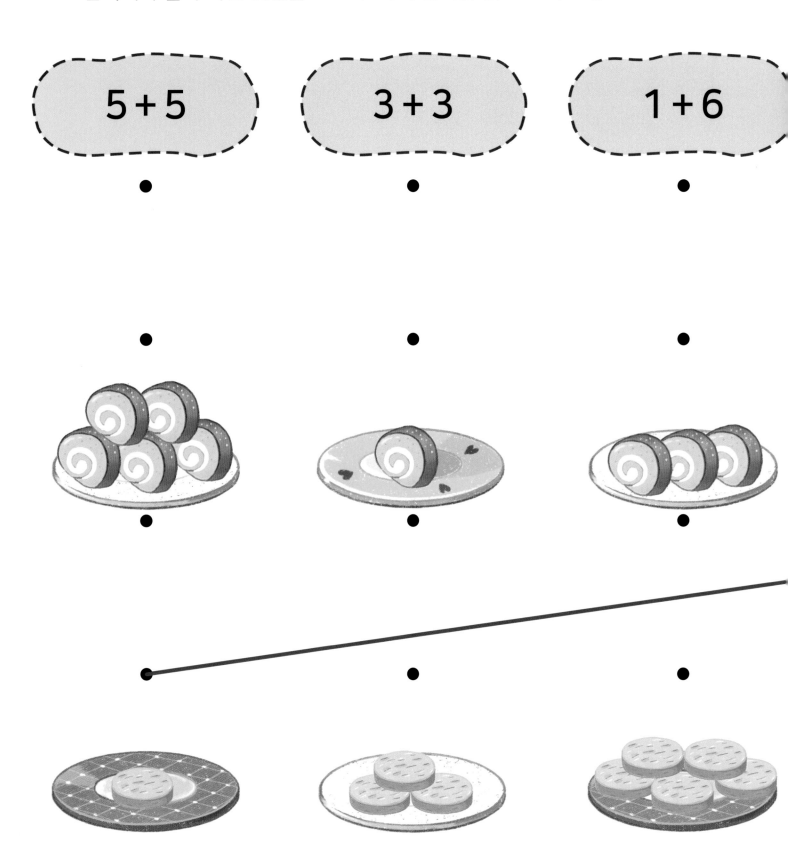

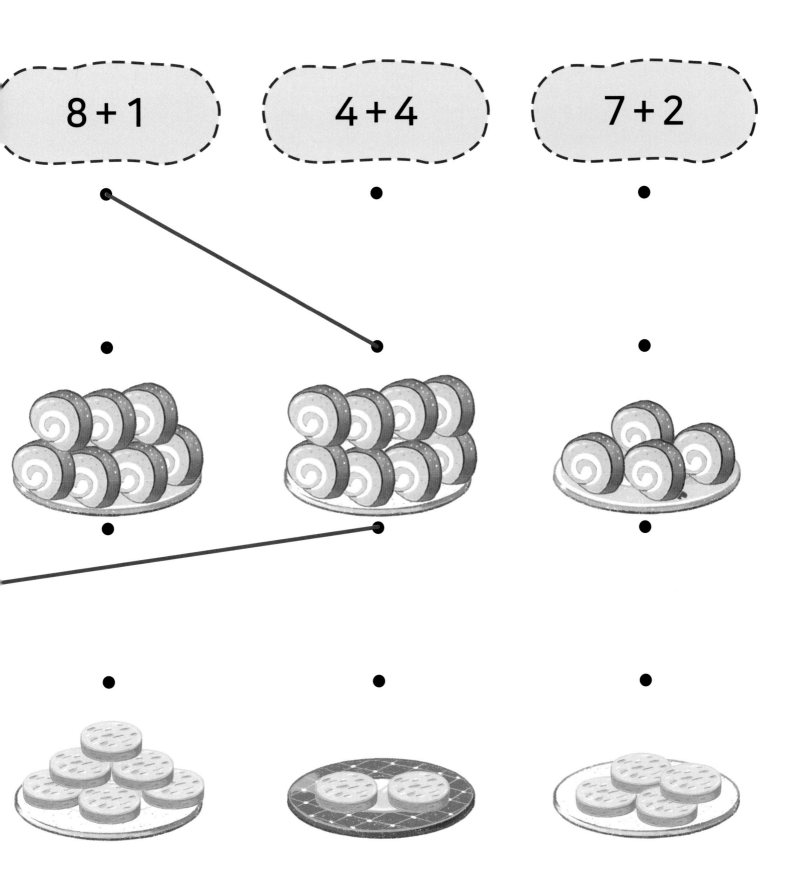

8 + 1

4 + 4

7 + 2

# 남은 빵의 수

○ 한 빵을 모두 먹고 남은 빵의 수를 셀 거예요. □ 안에 알맞은 수를 써넣으세요.

가이드 영상

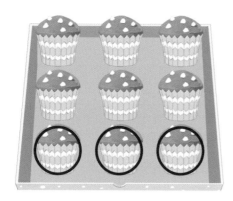

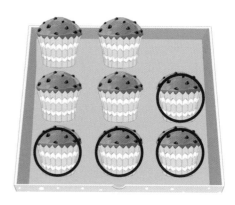

9 - ☐ = ☐        8 - ☐ = ☐

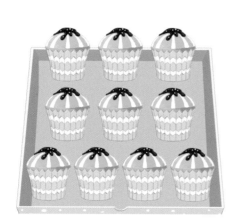

10 - ☐ = ☐        7 - ☐ = ☐

위쪽 그림에 ○를 더 그려서 다른 문제를 만들어 주고 아래쪽 그림에 ○를 그려서 새로운 문제를 만들어 주세요.

꺼내고 남은 장난감이 몇 개 있는지 세어 보아요. 계속딱지

□ 안에 처음에 있던 장난감의 수를 써넣으세요.

꺼낸 장난감에 X 했어요. □ 안에 꺼낸 장난감의 수를 써넣으세요.

□ 안에 꺼내고 남은 장난감의 수를 써넣으세요.

상자 안에 장난감 붙임 딱지를 붙이거나 장난감 위에 X 해서 다른 문제를 만들어 주세요.

# 어떤 것이 더 많을까?

무엇이 몇 개 더 많은지 찾을 거예요. 한 묶음에 하나씩 묶어 보고 □ 안에 알맞은 수를 써넣으세요.

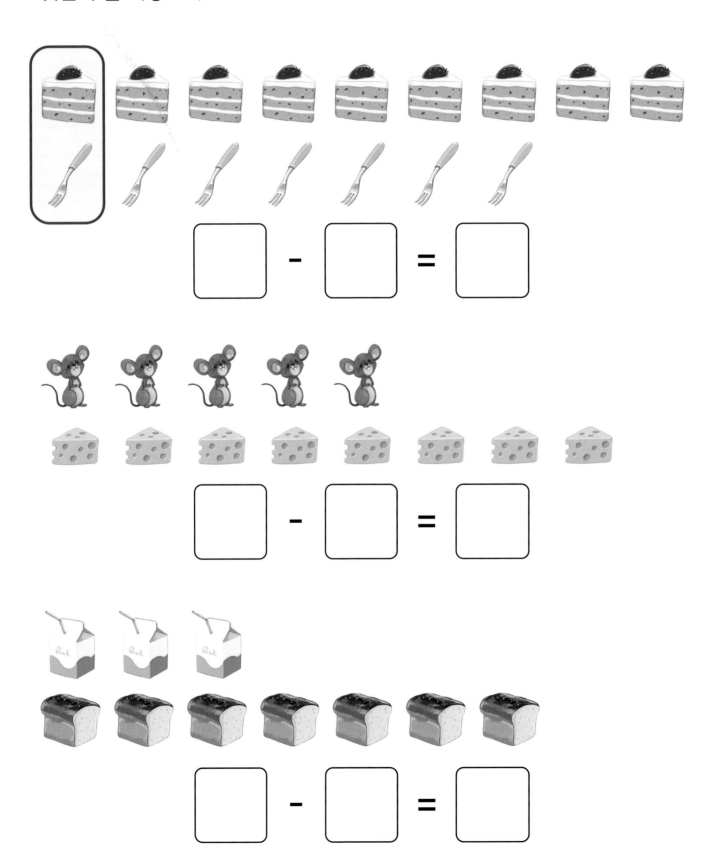

어떤 과일이 몇 개 더 많은지 찾을 거예요. □ 안에 알맞은 수를 써넣으세요. 계속딱지

과일을 더 붙여서 다른 문제를 만들어 주세요.

# 빼셈 보고 지우기

그림 몇 개에 X 해서 빼셈과 똑같이 만들고 □ 안에 알맞은 수를 써넣으세요.

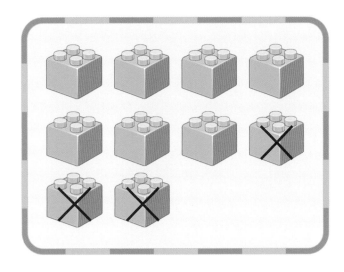

$$10 - 3 = \boxed{\phantom{0}}$$

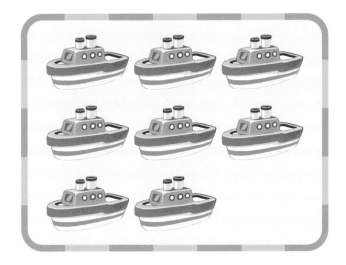

$$8 - 2 = \boxed{\phantom{0}}$$

$$7 - 4 = \boxed{\phantom{0}}$$

3권 - 연산의 기초

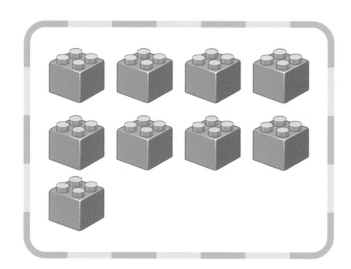

9 - ☐ = ☐

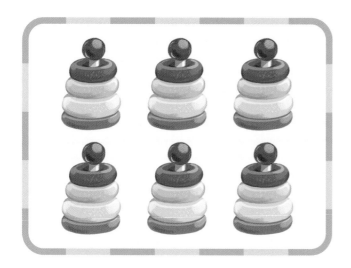

6 - ☐ = ☐

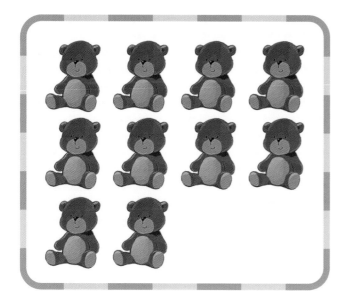

10 - ☐ = ☐

빼기 다음에 오는 ☐ 안에 수를 써넣어 문제를 만들어 주세요.

# 덧셈일까? 뺄셈일까?

가이드 영상

병아리가 두 마리 태어났어요.

○ 안에 + 나 - 를 써넣고 □ 안에 남은 달걀의 수를 써넣으세요.

○ 안에 + 나 - 를 써넣고 □ 안에 병아리의 수를 써넣으세요.

흰색 바둑돌 3개를 검은색으로 칠했어요. ○ 안에 + 나 - 를 써넣고 □ 안에
검은색 바둑돌의 수를 써넣으세요.

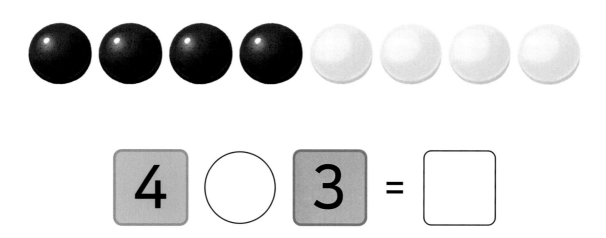

검은색 바둑돌 2개를 흰색으로 칠했어요. ○ 안에 + 나 - 를 써넣고 □ 안에
남은 검은색 바둑돌의 수를 써넣으세요.

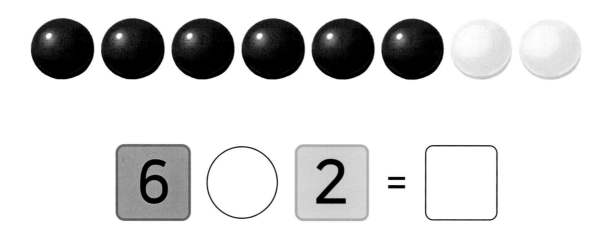

# 덧셈, 뺄셈 만들기

□ 안에 수를 써넣어 알맞은 덧셈과 뺄셈을 만드세요. 그리고 덧셈과 뺄셈에 알맞은 이야기를 만들어 보세요.

$$3 + 3 = 6$$

$$6 - 3 = 3$$

$$\boxed{\phantom{0}} + \boxed{\phantom{0}} = \boxed{\phantom{0}}$$

$$\boxed{\phantom{0}} - \boxed{\phantom{0}} = \boxed{\phantom{0}}$$

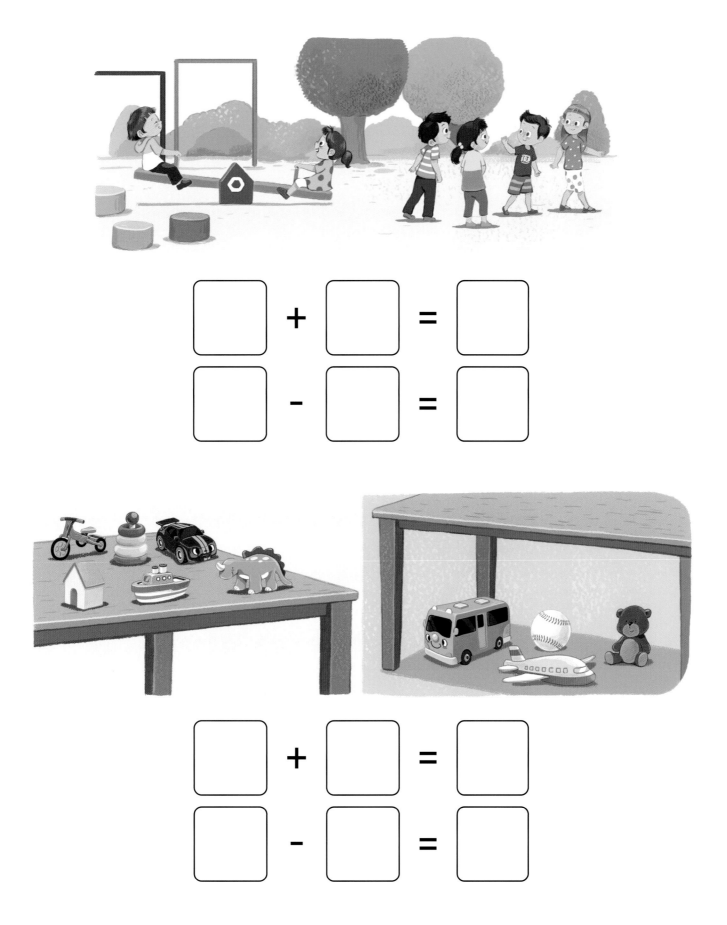

예를 들어 첫 번째 그림의 경우 "두 손에 있는 사탕이 모두 6개야.", "사탕 6개에서 3개를 주면 3개가 남아"라고 이야기를 만들 수 있어요.

# 마법의 항아리

수 카드를 파란색 항아리에 넣으면 항아리에 적힌 수만큼 커지고, 빨간색 항아리에 넣으면 항아리에 적힌 수만큼 작아져요. 빈 카드에 알맞은 수를 써넣으세요.

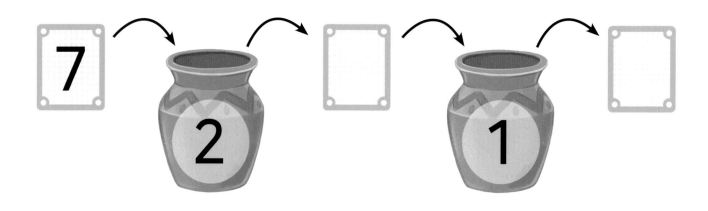

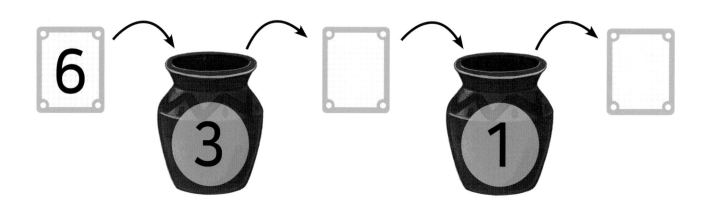

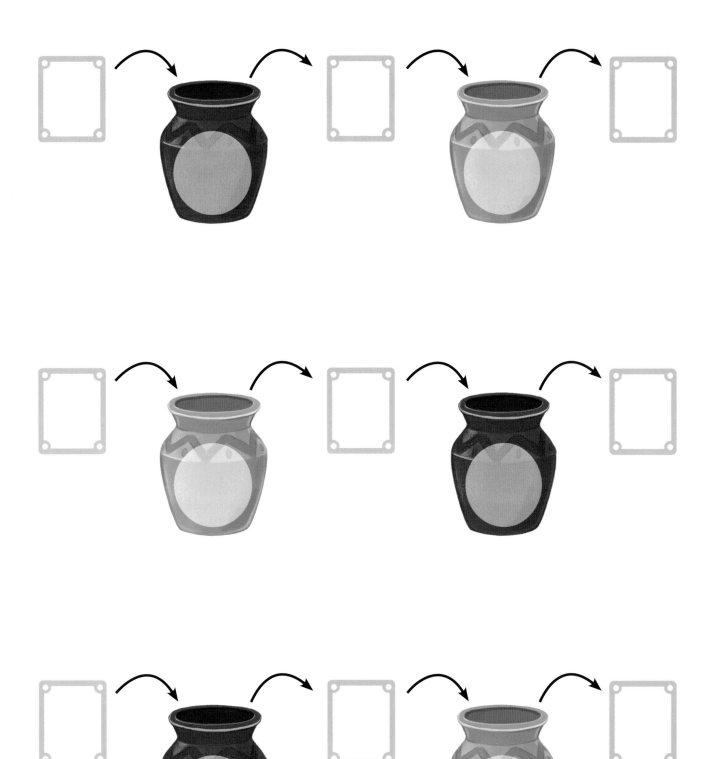

가장 왼쪽 카드와 항아리 속에 수를 써넣어 문제를 만들어 주세요.

위로 올라가면 두 수를 하나의 수로 모으고 아래로 내려가면 하나의 수를 두 수로 갈라요. □ 안에 알맞은 수를 써넣으세요.

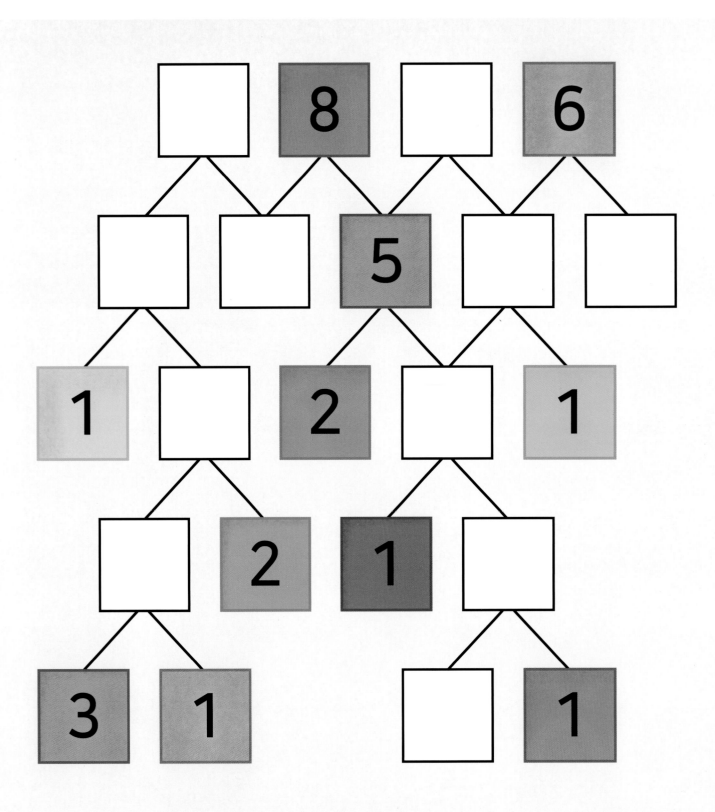

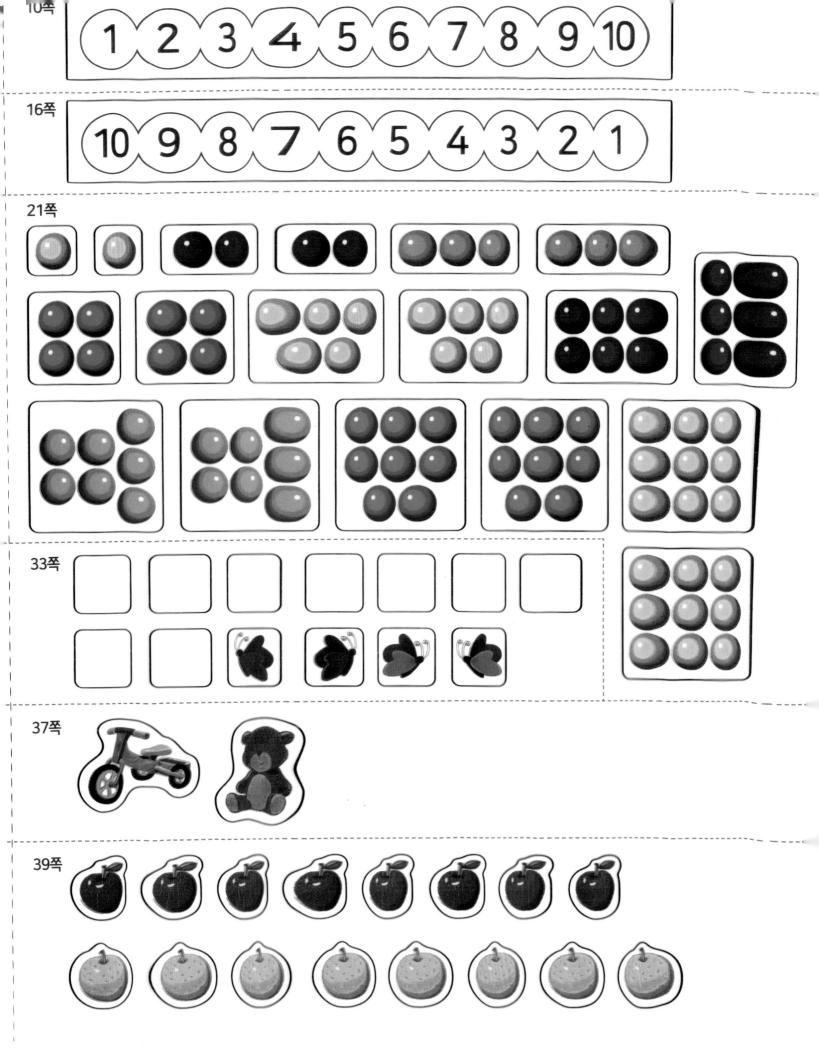